U0085471

À Barbara, ma femme. À Sarah. À Daniel.
獻給我的妻子芭芭拉。獻給莎拉和丹尼爾。

大師之最

BEST *of* PIERRE HERMÉ

皮耶艾曼

大境文化

PIERRE HERMÉ

皮耶艾曼

哪些糕點師傅影響您最深？

我在 12 歲時，就確定自己想成為一名糕點師。始於一則刊登在「阿爾薩斯最新消息報 les dernières nouvelles d'Alsace」上的啟事，我從 14 歲起，向卡斯東•雷諾特（Gaston Lenôtre）拜師學藝。儘管已經有在父親店裡工作的經驗，還是必須一切從零開始！那就是我學習到關心細節、組織和精準度重要性的地方。直到現在，那段經歷仍然是一個重要的里程碑，一個起始的參考基準。另一位對我的職業生涯發展有重大貢獻的糕點師傅，是巴斯卡•尼歐（Pascal Niau），他是達洛優（Dalloyau）的主廚。80 年代初期，我經常駐足於他們的櫥窗前，思忖這個或那個糕點是怎麼完成的，我為他們的作品感到驚豔。伊福•杜利（Yves Thuriès）也用他糕點的百科全書令我心生嚮往，影響著 80 年代的作品。

您是如何創造您的糕點？

我創造了味道、與風味的搭配，有時我也重新詮釋一種已經熟悉的味道，然後和另一種食材搭配（蛋糕、馬卡龍、冰淇淋 … 等等）。就這樣，伊斯巴翁 Ispahan（最初是玫瑰－覆盆子的組合，我在馥頌（Fauchon）時命名為「天堂 Paradis」）是一道由玫瑰馬卡龍蛋糕體（biscuit macaron à la rose）、玫瑰奶油醬（crème à la rose）、覆盆子（framboise）和荔枝（litchis）所組成的糕點。接著我又在橫切面進行加工，加入了果醬、水果軟糖（pâte de fruits）、巧克力糖（bonbon au chocolat）、可頌（croissant）、水果蛋糕（cake）、雪酪 …。每一次的組合都經過重新的思考、重新的詮釋。

我會撰寫並描繪配方的草圖，以便讓跟著我工作的糕點師傅們能夠了解，在我想像中，它嚐起來應該是什麼模樣。質地、感受，我都心中有數，就像音樂家能夠掌握他的音符一樣。我們接著交流技術、製造方法。接下來便是品嚐的時刻，我會在這個階段重新調整所需要的元素。

食材扮演著什麼樣的角色？

在糕點製作中有 10 項主要的食材：牛乳、奶油（beurre）、鮮奶油（crème）、蛋、糖、麵粉、香草、巧克力、杏仁和鹽之花（fleur de sel）。鹽對於甜味具有舉足輕重的影響；鹽可提升糖的價值。巧克力則獨自稱雄，因為它是美食家最鍾愛的味道之一。這是一種可無止境延伸的食材，我每天都還在學習。我使用單一來源的巧克力，開發自相當特殊的地區，以便創造饒富趣味的味道，而這就是我、法芙娜（Valrhona）和方索瓦•普阿魯 *（François Pralus）的工作。

編註：方索瓦•普阿魯（François Pralu）人稱巧克力冒險家，從巧克力豆開始製作各式巧克力產品。

您如何在糕點上展現創意？

所有的配方都是可能發揮的地方。我在這方面並沒有忌諱：若我在任何的糕點中發現了能夠改良的線索，我就會將這道配方再加以演變。可頌麵包（croissant）或卡士達奶油醬（crème pâtissière）也一樣，它們的配方並非固定不變的。味道是一種普遍的文化，可藉由新食材的品嚐而變得更加豐富。而創造能力所仰賴的便是這味道文化。

5大里程碑	*1961年（11月20日）*	*1976年8月*	*1986年*
	|	|	|
	誕生於科瑪（Colmar）	開始向卡斯東•雷諾特拜師學藝	擔任馥頌（Fauchon）主廚至1996年

我們不應滿足於所學，而是要不斷地精益求精。就像一名上課、練習、進行研究的學生，主動出擊讓他/她可以親自從閱讀、研究，以及與同儕的討論當中獲得知識和技術。

如何使用本書的配方？

在準備時，就像我在自家烹調一道鹹味料理一樣：仔細地閱讀整份食譜、切割成幾個階段、確認購物清單和器具 ... 第一次製作，請務必精確地按照食譜所寫的來完成這道配方。

如何辨識經典的甜點？

經典的甜點能夠成功地為每一口帶來不同的感動。

PORTRAIT GOURMAND
美食印象

1/ 您製作糕點時絕不可少的是？
糕點師的三必備：磅秤、溫度計(thermomètre)、定時器(minuteur)。

2/ 您偏好的飲品是？
用來搭配蛋糕的煎茶(Sencha)。它的微酸可在每一口之間為您重新帶來清爽的感受。酒則比較適合在用完甜點後品嚐。

3/ 為您帶來影響的烹飪著作
《遍行各地的帕林內 Pralinés passe-partout》，這是我父親的藏書，從中可以找到瑞士巧克力的所有傳統。而這樣的傳統又奠基於法國的專業糕點技術。我的父親從這本書中獲得了靈感，並用來製作他的作品。而我也是從這本書中學到了巧克力的製造史。

4/ 您的癖好？
美酒、卡卡甜甜圈(doughnut Krispy Kreme®)、紐約凱茲熟食店(Katz)的燻牛肉三明治(pastrami)、神戶(Kobé)牛肉。

5/ 您最愛的菜餚？
冬天是白醬燉小牛肉(blanquette)和蔬菜燉肉鍋(pot-au-feu)。夏天是生牛肉片(gravelax de bœuf)和酸橘汁醃魚(ceviche)。

6/ 若您不是糕點師，您會樂於當個 ... ？
更年輕的時候，我曾想過要成為園丁或建築師。但最後，除了糕點師以外，我從沒想過要從事其他的職業！

7/ 您的座右銘？
寧可關注細節，而非尋求完美。

1997年
和夏爾•澤拿第（Charles Znaty）一同創立
巴黎皮耶艾曼之家（maison Pierre Hermé Paris）

2001年
巴黎皮耶艾曼精品 boutique Pierre Hermé
Paris 開張　72, rue Bonaparte Paris 6ᵉ

SOMMAIRE 目録

SOM MAI RE

香草無限塔
TARTE
INFINIMENT VANILLE

50

激情渴望
ÉMOTION
ENVIE

58

絶世驚喜
SURPRISE
CÉLESTE

66

蒙特貝羅葛拉葛拉小姐
MISS GLA'GLA
MONTEBELLO

76

神來之筆（番茄 / 草莓 / 橄欖油）
RÉVÉLATION
(TOMATE/FRAISE/HUILE D'OLIVE)

84

摩加多爾馬卡龍
MACARON
MOGADOR

92

伊斯巴翁

ISPAHAN

這道糕點巧妙地結合了甜美的玫瑰花瓣奶油醬(crème aux pétales de rose)和荔枝,並經由玫瑰和覆盆子將味道延伸,荔枝的酸和強烈的風味,與玫瑰和覆盆子形成對比,而這些都被包覆在馬卡龍柔軟而酥脆的外皮下。

RECETTE 配方

6/8 人份 – 準備時間：90 分鐘 – 製作時間：60 分鐘

建議搭配飲品

頂級產地格烏茲塔明那酒（*Gewurztraminer Grand Cru*）或遲摘格烏茲塔明那酒（*Gewurztraminer Vendanges Tardives*）、選粒格烏茲塔明那貴腐酒（*Gewurztraminer Sélection de Grains Nobles*）。皮耶花園茶（*Thé Jardin de Pierre*）。

玫瑰馬卡龍蛋糕體 BISCUIT MACARON ROSE
- ❒ 杏仁粉（poudre d'amande）250 克
- ❒ 糖粉（sucre de glace）250 克
- ❒ 蛋白 6 顆（180 克）
- ❒ 胭脂紅著色劑（colorant rouge carmin）3 克
- ❒ 砂糖（sucre de semoule）250 克
- ❒ 礦泉水（eau minérale）65 克

義式蛋白霜 MERINGUE ITALIENNE
- ❒ 蛋白 4 顆（120 克）
- ❒ 砂糖（sucre de semoule）250 克
- ❒ 礦泉水（eau minérale）75 克

玫瑰花瓣奶油醬 CRÈME AUX PÉTALES DE ROSE
- ❒ 全脂鮮乳（lait frais entier）90 克
- ❒ 蛋黃 3~4 顆（70 克）
- ❒ 砂糖（sucre de semoule）45 克
- ❒ 室溫下的無鹽奶油（beurre doux à température ambiante）450 克
- ❒ 玫瑰香精（essence de rose）4 克（法國於藥妝店；台灣請在烘焙材料專賣店購買）
- ❒ 玫瑰糖漿（sirop de rose）30 克（於亞洲食品雜貨店購買或選購莫林 Monin® 牌糖漿）

組合
- ❒ 瀝乾的罐裝荔枝 200 克
- ❒ 新鮮覆盆子（framboise）250 克
- ❒ 葡萄糖或水飴（Glucose）

玫瑰馬卡龍蛋糕體 Biscuit macaron rose

將糖粉和杏仁粉過篩 *。混合著色劑與 3 顆蛋白，倒入糖粉和杏仁粉等材料中，加以攪拌。將水和糖一起煮沸成糖漿，煮至 118℃。在糖漿到達 110℃時，開始將另一半的蛋白以電動攪拌器打發成泡沫狀。將 118℃ 的糖漿慢慢倒入蛋白中，持續攪打至降溫為 50℃，接著再倒入糖粉、杏仁粉、蛋白和著色劑等已拌勻的材料中，混合至均勻麵糊。

01

將麵糊倒入裝有 12 號圓口擠花嘴（直徑 1.2 公分）的擠花袋中。在鋪有矽利康不沾烘焙烤盤墊（Silpat®）的烤盤上製作直徑 20 公分的螺旋狀圓形餅皮。將圓形餅皮置於室溫下，讓表面結皮（croûter）*。將烤箱以旋風功能預熱 180℃（熱度 6）。將烤盤放入烤箱。烘烤 20 至 25 分鐘，其間將烤箱門快速打開 2 次。出爐後，將馬卡龍放涼。

02

在食用之前請冷藏保存。

見 100-101 頁的詞彙表

義式蛋白霜 Meringue italienne

用平底深鍋(casserole)將水和糖煮沸。煮沸時，用濕潤的糕點毛刷(pinceau à pâtisserie)擦拭平底鍋邊緣。煮至 118℃。將蛋白打發至「鳥嘴狀」，即不要太硬。將煮好的糖漿緩慢而少量地倒入打發的蛋白中。持續攪打至冷卻。您只需使用其中 175 克的蛋白霜。

03

玫瑰花瓣奶油醬 Crème aux petals de rose

將蛋黃和糖一起攪打。將牛乳煮沸並倒入上述混合物中。如同烹調英式奶油醬(crème anglaise)般，煮至 85℃，接著放入電動攪拌器的碗中，以高速攪打至冷卻。
注意：英式奶油醬在烹煮時很容易黏鍋，請特別注意。

04

製作義式蛋白霜，最好使用已在室溫下保存幾天的蛋白。

13

在電動攪拌機(robot)的碗中，先用槳狀攪拌器(feuille)，接著再用球狀攪拌器(fouet)將奶油打發(foisonnez)*。加入步驟 4 的奶油醬，攪拌，然後用手持攪拌器混入義式蛋白霜，接著再混入玫瑰香精和糖漿。立即使用。

05

依水果的大小而定，將荔枝切成 2 或 3 塊，冷藏瀝乾一整晚。在餐盤上擺上第 1 塊反置的玫瑰馬卡龍蛋糕體。用裝有 10 號擠花嘴(直徑 1 公分)的擠花袋，在蛋糕體上擠出螺旋狀的玫瑰花瓣奶油醬，並沿著玫瑰馬卡龍蛋糕體直徑的外圍，將覆盆子排成環狀，讓覆盆子變得明顯可見，接著再依馬卡龍的大小，在內部再排 2 圈的覆盆子。

06

此馬卡龍可冷藏保存 2 天。

將切成小塊的荔枝擺在環狀的覆盆子之間，再鋪上玫瑰花瓣奶油醬，並擺上第 2 片玫瑰馬卡龍蛋糕體；輕輕按壓。

在糕點上用 3 顆新鮮覆盆子和 5 片紅玫瑰花瓣進行裝飾，並用塑膠滴管或拋棄式擠花袋在花瓣上滴上 1 滴葡萄糖，像是露水般加以美化。

建議在享用的前一天製作伊斯巴翁(Ispahan)，冷藏一天讓糕點變得更柔軟。

2 000 FEUILLES

2000 層酥

這道帕林內千層酥(Millefeuille au praliné)將酥脆與柔軟的質地巧妙搭配，與布列塔尼法式薄脆(crêpes dentelles bretonnes)的碎片相結合，為帕林內賦予層出不窮的口感。

RECETTE 配方

千層酥 1 份 / 6-8 人份 − 準備時間：120 分鐘 − 製作時間：60 分鐘

建議搭配飲品

科西嘉蜜思卡麝香葡萄酒（*Muscat Corse*）、普羅旺斯甜酒（*Vin Cuit de Provence*）。

烘烤去皮的杏仁與榛果 AMANDES ET NOISETTES GRILLÉS ET MONDÉES
- 整顆杏仁 70 克
- 整顆的皮耶蒙（Piémont）榛果 20 克

焦糖杏仁 AMANDES CARAMÉLISÉES
- 砂糖 250 克
- 礦泉水 75 克

榛果千層帕林內 PRALINÉ FEUILLETÉ NOISETTE
- 60/40 榛果帕林內（praliné noisette）50 克
- 純榛果醬（pâte de noisette pure）（榛果泥）50 克
- 可可含量 40% 的「吉瓦納 Jivara」巧克力 20 克

加沃特薄酥餅（gavotte）碎片 50 克
- 奶油 10 克
- 烘烤並磨碎的榛果 20 克

反折疊派皮 PÂTE FEUILLETÉE INVERSÉE
- 奶油 490 克
- 礦泉水 150 克
- 低筋麵粉（farine T45）500 克
- 鹽之花 17.5 克
- 白醋（vinaigre blanc）2.5 克

焦糖折疊派皮 PÂTE FEUILLETÉE CARAMÉLISÉE
- 砂糖 80 克
- 糖粉 50 克

卡士達奶油醬 CRÈME PÂTISSIÈRE
- 全脂牛乳 500 克
- 香草莢 5 克
- 蛋黃 7 顆（140 克）
- 砂糖 150 克
- 玉米粉（Maïzena®）45 克
- 麵粉 15 克
- 無鹽奶油（beurre doux）60 克

義式蛋白霜 MERINGUE ITALIENNE
- 蛋白 4 顆（125 克）
- 砂糖（sucre de semoule）250 克
- 礦泉水（eau minérale）75 克

英式奶油醬 CRÈME ANGLAISE
- 全脂牛乳 180 克
- 蛋黃 7 顆（140 克）
- 砂糖 80 克

法式奶油霜 CRÈME AU BEURRE
- 英式奶油醬 175 克
- 室溫下的無鹽奶油 375 克
- 義式蛋白霜 175 克

帕林內法式奶油霜 CRÈME AU BEURRE PRALINÉ
- 60/40 榛果帕林內（praliné noisette）50 克
- 福嘉牌（Fugar）純榛果醬（pâte de noisette pure）40 克
- 法式奶油霜 250 克

帕林內慕斯林奶油醬 CRÈME MOUSSELINE PRALINÉ
- 卡士達奶油醬 60 克
- 液狀鮮奶油打發（crème fleurette）70 克
- 帕林內法式奶油霜 340 克

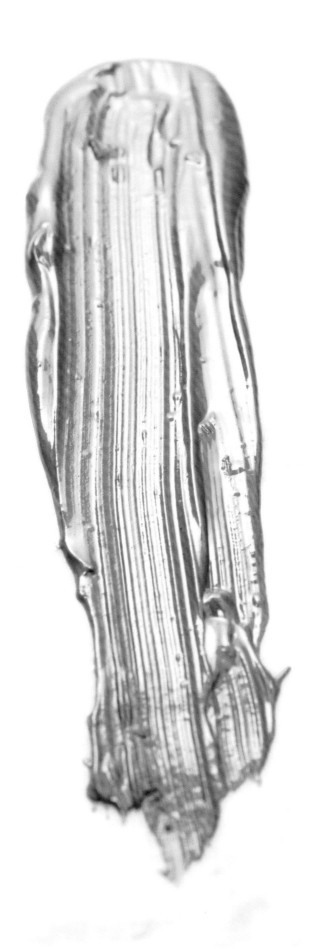

烘烤去皮的杏仁與榛果 Amandes et noisettes grillées et mondées

將杏仁鋪在烤盤上，放入烤箱，以160℃（熱度5）烘烤20分鐘。預留備用。榛果也以同樣程序處理，接著磨碎。

將水和糖煮至118℃成為糖漿，接著加入烤熱的杏仁，用爐火煮至形成焦糖。將焦糖杏仁倒在鋪有矽利康不沾烘焙烤盤墊（Silpat®）的烤盤上，接著一邊攪拌，一邊將杏仁一顆顆分開，讓杏仁冷卻。以保鮮盒保存。

01

榛果千層帕林內 Praliné feuilleté noisette

隔水加熱（bain-marie）* 至45℃，讓奶油和巧克力融化。混合榛果帕林內、榛果醬、巧克力和奶油，接著加入加沃特薄酥餅碎片和磨碎的烘烤榛果。將200克的榛果千層帕林內鋪在17×17公分的方形中空模（cadre）中。用抹刀（palette）將表面抹平，然後將鋪有榛果千層帕林內的中空模冷凍。

02

反折疊派皮 Pâte feuilletée inversée

將 375 克的奶油和 150 克的麵粉揉捏至均勻混合。整型成扁平的麵團，用保鮮膜包起，冷藏 1 小時。製作基本揉和麵團（détrempe），混合剩餘的其他材料至均勻，整型成矩形，用保鮮膜包起，靜置 1 小時。將基本揉和麵團包入擀開的奶油與麵粉的混合麵皮中。間隔兩小時進行 2 次的雙折疊（tour double），在每次的折疊之間將麵團冷藏。接著進行 1 次單折疊（tour simple），然後再進行裁切。

03

用擀麵棍將折疊派皮擀平，裁成烤盤大小（60×40 公分），用叉子在上面戳洞。在烤盤上擺上一張烤盤紙，接著放上派皮。將烤盤冷藏：派皮至少必須靜置 2 小時，讓派皮在烘烤時能夠均勻膨脹，而且不會收縮。您可將擀薄的派皮儲存在冷凍庫中。將烤箱預熱 230℃（熱度 7-8）。在派皮上撒上 80 克的砂糖，放入烤箱，並將溫度調低為 190℃。

04

編註：反折疊派皮的雙折疊及單折疊細節，請參考 103 頁。

焦糖折疊派皮 Pâte feuilletée caramélisée

先烤 10 分鐘，接著將派皮蓋上網架，再繼續烘烤 8 分鐘。

將派皮從烤箱中取出，去掉網架，將派皮倒扣在一張烤盤紙上。將烤盤紙從上方撕下，然後為派皮均勻地篩上糖粉，再放進烤箱，以 250℃（熱度 8）烘烤數分鐘即可。

05

卡士達奶油醬 Crème pâtissière

將 125 克的牛乳與香草莢一同煮沸，並浸泡 20 分鐘。將浸泡液以漏斗型濾器（chinois étamine）* 過濾，加入剩餘的牛乳和 50 克的砂糖並加以煮沸。將麵粉和玉米粉過篩，將蛋黃和剩餘的糖加入，再倒入牛乳與香草莢混合液，攪拌均勻加熱煮沸，並煮滾 5 分鐘，期間持續攪拌，接著倒入沙拉碗（saladier）中冷卻。加入一半的奶油，加以攪拌，接著再加入另一半的奶油混合均勻。以保鮮盒（boîte hermétique）保存，並用保鮮膜緊貼覆蓋著奶油醬。**義式蛋白霜 Meringue italienne** 製作一份義式蛋白霜（見 102 頁）。

06

焦糖折疊派皮的表面平滑並帶有光澤，底部則因烘烤初期砂糖在派皮中形成的硬殼而看起來粗糙，但口感酥脆。

英式奶油醬 Crème anglaise

以烹煮英式奶油醬的方式製作（見102頁），並放入電動攪拌機的碗中，以高速攪拌至冷卻。
請注意，這道英式奶油醬在烹煮時很容易黏鍋。

法式奶油霜 Crème au beurre

在電動攪拌機（batteur）中，用球狀攪拌器（fouet）將奶油打發（foisonnez）*。加入175克的英式奶油醬，
攪拌，接著再用刮刀混入175克的義式蛋白霜至均勻。即刻使用。

帕林內法式奶油霜 Crème au beurre praliné

在電動攪拌機中，將 250 克的法式奶油霜打發
（foisonner）＊，混入榛果帕林內和純榛果醬。

帕林內慕斯林奶油醬 Crème mousseline praliné

在大碗（cul de poule）中，用攪拌器將卡士達奶油
醬攪拌至光滑。在電動攪拌機中，將 340 克的帕林
內法式奶油霜打發（foisonner）＊，接著再加入卡
士達奶油醬拌勻，再用刮刀混入打發的鮮奶油。即
刻使用。

09 **10**

組合 Montage

將焦糖折疊派皮裁成 17×17 公分的 3 個矩形。

將 1 塊矩形焦糖折疊派皮擺在烤盤上，有光澤的焦糖面朝上。用無擠花嘴的可拋棄式擠花袋鋪上 100 克的帕
林內慕斯林奶油醬，擺上仍冰涼的榛果千層帕林內，然後再鋪上 100 克的帕林內慕斯林奶油醬。

11

在品嚐之前請冷藏保存。

擺上第 2 塊矩形焦糖折疊派皮，接著用裝有擠花嘴的擠花袋均勻地鋪上 250 克的帕林內慕斯林奶油醬，再擺上最後 1 塊矩形焦糖折疊派皮。

12

為千層酥的兩邊斜角篩上糖粉，並擺上焦糖烤杏仁。

13

反折疊派皮具有以下優點：較酥脆、更入口即化，而且在烘烤時較不會收縮，也更能夠以生派皮的方式冷凍保存。

CARRÉMENT
金箔巧克力蛋糕
CHOCOLAT

完全由巧克力製成的糕點，獻給喜歡極苦的巧克力愛好者，玩
弄著介於柔軟、滑順與酥脆之間的質地和溫度。

RECETTE 配方

6/8 人份 – 準備時間：90 分鐘 – 製作時間：45 分鐘

建議搭配飲品

科比耶新城大衛•莫雷諾的古井里韋薩特陳年葡萄酒酒侯（*Rivesaltes Rancio Domaine du Vieux Puits de David Moreno à Villeneuve de Corbières*）、夏爾•迪皮伊的馬薩米爾年份紅葡萄酒（*Maury Mas Amiel Vintage de Charles Dupuy*）。

巧克力軟心蛋糕
MOELLEUX CHOCOLAT
- ❒ 法芙娜（Valrhona）「瓜納拉 Guanaja」巧克力（可可含量 70%）125 克
- ❒ 軟化奶油（beurre pommade）125 克
- ❒ 砂糖 110 克
- ❒ 蛋 2 顆（100 克）
- ❒ 過篩（tamisée）* 低筋麵粉 35 克

滑順巧克力奶油醬 CRÈME ONCTUEUSE AU CHOCOLAT
- ❒ 全脂牛乳 125 克
- ❒ 液狀鮮奶油（crème liquide）125 克

- ❒ 砂糖 60 克
- ❒ 蛋黃 3 顆（60 克）
- ❒ 切成細碎的法芙娜（Valrhona）「瓜納拉 Guanaja」巧克力（可可含量 70%）90 克

黑巧克力千層帕林內
PRALINÉ FEUILLETÉ CHOCOLAT NOIR
- ❒ 法芙娜（Valrhona）60/40 杏仁帕林內（praliné amande）40 克
- ❒ 純榛果醬（pâte de noisette pure）（榛果泥）40 克
- ❒ 法芙娜特級可可塊（cacao pâte extra Valrhona）（可可含量 100%）20 克
- ❒ 加沃特薄酥餅（gavotte）碎片 25 克

- ❒ 可可粒（grué de cacao）20 克
- ❒ 無鹽奶油 10 克

巧克力慕斯
MOUSSE AU CHOCOLAT
- ❒ 法芙娜（Valrhona）「瓜納拉 Guanaja」巧克力（可可含量 70%）170 克
- ❒ 牛乳 80 克
- ❒ 蛋黃 1 顆（20 克）
- ❒ 蛋白 4 顆（120 克）
- ❒ 砂糖 20 克

巧克力醬
SAUCE CHOCOLAT
- ❒ 法芙娜（Valrhona）「瓜納拉 Guanaja」巧克力（可可含量 70%）130 克

- ❒ 礦泉水 250 毫升
- ❒ 砂糖 90 克
- ❒ 高脂鮮奶油（crème épaisse）125 克

巧克力鏡面
GLAÇAGE CHOCOLAT
- ❒ 法芙娜（Valrhona）「瓜納拉 Guanaja」巧克力（可可含量 70%）100 克
- ❒ 液狀鮮奶油 80 克
- ❒ 無鹽奶油 20 克

薄脆巧克力片
FINE PLAQUE DE CHOCOLAT CRAQUANTE
- ❒ 法芙娜（Valrhona）「瓜納拉 Guanaja」巧克力（可可含量 70%）150 克

巧克力軟心蛋糕 Moelleux chocolat

為邊長 18 公分、高 4 至 5 公分的正方形或矩形中空模型塗上奶油並撒上麵粉。將巧克力切碎，接著以隔水加熱（bain-marie）* 的方式融化。依序混合食材，接著加入融化的巧克力。倒入模型中。以 180℃（熱度 6）烘烤 25 分鐘，蛋糕體必須呈現未全熟（sous-cuit）的狀態。將模型倒扣在烤架（grille à pâtisserie）上，取下模型；蛋糕體放涼。

01

滑順巧克力奶油醬 Crème onctueuse au chocolat

在沙拉碗中攪打蛋黃和糖；將牛乳和鮮奶油煮沸；將上述液體緩慢而少量地倒入先前的混合物中，持續攪打。倒入平底深鍋中，如同燉煮英式奶油醬般以 84℃ /85℃ 進行烹煮。將切碎的巧克力放入另一個沙拉碗中。將一半的英式奶油醬倒入巧克力中，接著攪拌。再將剩餘的英式奶油醬倒入並加以混合。

02

刷潤中空模型（塗上奶油並撒上砂糖）。將蛋糕體擺在模型底部。將滑順巧克力奶油醬淋在冷卻的蛋糕體上，冷藏保存 3 小時。

黑巧克力千層帕林內 Praliné feuilleté chocolat noir

將奶油和可可塊（cacao pâte）隔水加熱（bain-marie）＊至 45℃融化。混合杏仁帕林內、榛果醬、可可塊和奶油，接著加入加沃特薄酥餅碎片和可可粒（grué de cacao）。將 140 克的黑巧克力千層帕林內倒入冷卻的奶油醬上。用 L 型抹刀（palette coudée）鋪平並冷凍保存。

04

巧克力慕斯 Mousse au chocolat

將巧克力切碎，隔水加熱(bain-marie)* 至融化。在另一個平底深鍋中，將牛乳煮沸，然後淋在巧克力上。混合後加入蛋黃。將蛋白倒入沙拉碗中，用力攪打，邊打發邊分次混入一小撮的糖(共 20 克)。將蛋白打成柔軟泡沫狀的蛋白霜後，再混入巧克力醬中。刮刀從中間朝外圍的方向稍微舀起，一邊轉動沙拉碗，輕輕地混合成慕斯。將這慕斯倒入模型中，鋪在黑巧克力千層帕林內上；抹至與邊緣齊平。冷凍至少 2 小時。

05

巧克力醬 Sauce chocolat

將巧克力切小塊；和水、糖和鮮奶油一同放入大的平底深鍋中。以文火煮沸；並持續沸騰，一邊用刮刀(spatule)攪拌，直到醬汁附著於刮刀上，而且如預期地滑順。取 100 克的巧克力醬來製作鏡面，將剩餘的保存起來，可用來搭配糕點享用。

06

巧克力因所含可可脂（beurre de cacao）的物理特性而必須經過特殊處理，才能獲得富有光澤和酥脆的口感。巧克力最大的敵人是水，因為水會讓巧克力變得厚重，並造成無法補救的損害。

巧克力鏡面 Glaçage chocolat

將巧克力磨成碎末。在平底深鍋中將鮮奶油煮沸，離火，加入巧克力，一邊用刮刀緩慢地攪拌。將上述混合物放至 60℃ 的微溫，然後再依序混入奶油和 100 克的巧克力醬，一邊攪拌，但盡量不要攪拌太多次。鏡面必須在 35 至 40℃ 之間的微溫時使用。用長柄大湯勺（louche）淋在蛋糕的邊緣上，並用長的軟刮刀（longue spatule souple）鋪平。若鏡面過度冷卻，請稍微加熱，不要攪拌，以隔水加熱（bain-marie）* 至微溫。

07

薄脆巧克力片 Fine plaque de chocolat craquante

將巧克力切碎，以文火隔水加熱（bain-marie）* 至融化。離火並放涼。以隔水加熱的方式，將巧克力稍微加熱，一邊攪拌（約 31℃）。在透明的塑膠片（feuille plastique）上鋪上一層薄薄的巧克力。就在巧克力即將凝結之前，切下一片 18×18 公分的巧克力薄片。壓上一張塑膠片和一本書，以免巧克力變形。冷藏 45 分鐘。將塑膠片取下，然後將巧克力薄片擺在蛋糕上。

食用之前請以冷藏保存。
以幾片食用金箔來裝飾蛋糕。

PLAISIRS, SUCRÉS

甜美的滋味

這道由牛奶巧克力、千層帕林內和皮耶蒙(Piémont)榛果所構成的蛋糕,整個構思是建立在作為主角的牛奶巧克力上,搭配酥鬆、薄脆、柔軟和入口即化等質地間的變化,還有這些食材與口感所引發的美味享受。

RECETTE 配方

30 塊蛋糕－準備時間：90 分鐘－製作時間：60 分鐘

建議搭配飲品

水、科西嘉蜜思卡麝香葡萄酒（Muscat Corse）、義大利馬莎拉風味酒（vin italien façon Marsala）：
摩西迪盧斯（Morce di Luce）

磨碎的烘焙榛果
NOISETTES TORRÉFIÉES
ET CONCASSÉES
- 未經加工的整顆皮耶蒙
 （Piémont）榛果 100 克

榛果打卦滋蛋糕體
BISCUIT DACQUOISE
AUX NOISETTES
- 皮耶蒙（Piémont）榛果粉 210 克
- 糖粉 230 克
- 蛋白 8 顆（230 克）
- 砂糖 75 克

榛果千層帕林內 PRALINÉ
FEUILLETÉ NOISETTE
- 法芙娜（Valrhona）60/40 榛果
 帕林內（praliné noisette）150 克
- 純榛果醬（pâte de noisette pure）
 （榛果泥）150 克
- 法芙娜（Valrhona）的「吉瓦納
 Jivara」的覆蓋巧克力（chocolat
 de couverture）*（可可含量
 40%）75 克
- 加沃特薄酥餅（gavotte）碎片
 150 克
- 無鹽奶油 30 克

牛奶巧克力薄片
FINE FEUILLES DE
CHOCOLAT AU LAIT
10×2.5 公分
- 法芙娜（Valrhona）的「吉瓦納
 Jivara」巧克力（可可含量
 40%）160 克

牛奶巧克力甘那許 *
GANACHE CHOCOLAT
AU LAIT
- 液狀鮮奶油 230 克
- 法芙娜（Valrhona）的「吉瓦納
 Jivara」巧克力（可可含量
 40%）250 克

牛奶巧克力鮮奶油香醍
CHANTILLY CHOCOLAT
AU LAIT
（須提前 12 小時製作）
- 液狀鮮奶油 300 克
- 法芙娜（Valrhona）的「吉瓦納
 Jivara」巧克力（可可含量
 40%）210 克

磨碎的烘焙榛果 Noisettes torréfiées et concassées

在鋪有烤盤紙的烤盤上擺上榛果，但不要重疊，以160℃（熱度5）烘焙20分鐘，用網篩（tamis）去皮，接著磨碎。

榛果打卦滋蛋糕體 Biscuit dacquoise aux noisettes

在烤盤上以150℃（熱度5）烘焙榛果粉10分鐘。將糖粉和榛果粉一起過篩 *（tamisez）。將糖分3次加入蛋白中，將蛋白打發成泡沫狀。用手持刮刀將泡沫狀蛋白霜加入過篩的混合物中，並用刮刀以稍微舀起的方式混合。

01

在鋪有烤盤紙或矽利康不沾烘焙烤盤墊（tapis Silpat®）的烤盤上，擺上37×28公分、高3至4公分的矩形中空模。秤出700克的榛果打卦滋蛋糕體麵糊，用L型抹刀均勻地鋪在模型中；均勻地撒上磨碎的榛果。在對流烤箱中以170℃（熱度6）烘烤約30分鐘，同時將烤箱門微微打開，以免打卦滋因烤箱內水蒸氣的集結而立即膨脹和塌陷。一旦烤好，打卦滋會維持既結實又柔軟的狀態。放涼。

02

榛果千層帕林內 Praliné feuilleté noisette

隔水加熱（bain-marie）* 至 40/45℃，將覆蓋巧克力融化。在裝有槳狀攪拌器的電動攪拌機的攪拌缸或鋼盆（cul de poule）中混合榛果帕林內、榛果醬、覆蓋巧克力和軟化的奶油。加入加沃特薄酥餅碎片。

03

秤出 550 克的榛果千層帕林內，用 L 型抹刀鋪在裝有榛果打卦滋蛋糕體的方形中空模中，並將表面抹平。冷藏保存。

將矩形的榛果打卦滋蛋糕體和榛果千層帕林內切成 10×2.5 公分的長方形。冷凍保存。

04

05

牛奶巧克力薄片 Fine feuille de chocolat au lait

在 1 張 20×30 公分的塑膠片上，鋪上調溫(tempéré)* 的牛奶巧克力。當巧克力凝結時，將巧克力劃成 10×2.5 公分的長方形。再蓋上 1 張塑膠片並壓上烤盤，然後冷藏，讓巧克力凝固。

牛奶巧克力甘那許 Ganache chocolat au lait

將巧克力切碎。液狀鮮奶油煮滾後淋在巧克力上，混合均勻。倒入容器中冷卻到室溫。

06

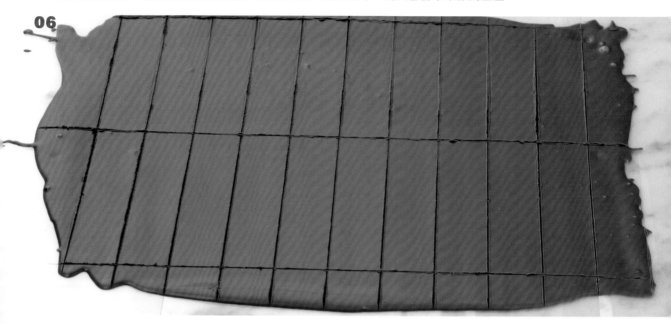

在鋪有烤盤紙的烤盤上擺上長方形的牛奶巧克力薄片(亮面朝下)。在裝有鋸齒花嘴的擠花袋中填入牛奶巧克力甘那許，縱向地從一端擠至另一端。疊上第 2 塊長方形巧克力薄片並重複先前的步驟。第 2 層甘那許上無須再鋪上巧克力薄片。冷凍保存。

07

食用前請冷藏保存。在冰涼時品嚐這道糕點是相當重要的關鍵。

牛奶巧克力鮮奶油香醍 Chantilly chocolat au lait

將巧克力切碎。將鮮奶油煮沸並淋在巧克力上。混合。倒入盤中，冷藏保存約 12 小時。

在碗中攪打牛奶巧克力鮮奶油，打發成牛奶巧克力鮮奶油香醍。在裝有 12 號（直徑 1.2 公分）不鏽鋼圓口擠花嘴的塑膠擠花袋中，填入牛奶巧克力鮮奶油香醍。在長方形的榛果打扒滋蛋糕體和榛果千層帕林內上，擺上長方形鋪好甘那許的牛奶巧克力薄片，甘那許朝下，再用擠花袋擠出（pocher）* 兩道細長的鮮奶油香醍。

08

沿著兩端擠出 2 條厚粗的牛奶巧克力鮮奶油香醍。最後擺上 1 片長方形的牛奶巧克力作為結束（亮面朝上）。

09

這道糕點可冷藏保存 24 小時。

蔻依薄片塔

TARTE FINE
CHLOÉ

這道塔是由法式玉米粗粒塔皮麵團（pâte sablée à la semoule de maïs）、覆盆子碎片（déclats de framboise）、可可含量64%且味道微酸的「孟加里 Manjari」巧克力甘那許，並蓋上鹽之花黑巧克力薄片所構成的糕點。

RECETTE 配方

8 人份－準備時間：60 分鐘－製作時間：60 分鐘

法式玉米粗粒塔皮麵團
PÂTE SABLÉE À LA
SEMOULE DE MAÏS
- 無鹽奶油 150 克
- 白杏仁粉（poudre d'amande blanche）30 克
- 糖粉 90 克

- 香草豆莢粉（vanille en poudre）1/2 克
- 全蛋 1 顆（60 克）
- 給宏得（Guérande）鹽之花 0.5 克
- 中筋麵粉（farine T55）225 克
- 粗粒玉米粉（semoule de maïs）45 克

蔻依巧克力甘那許 GANACHE
CHOCOLAT CHLOÉ
- 覆盆子果泥（purée de framboise）140 克
- 法芙娜「孟加里 Manjari」64% 的覆蓋（couverture）* 巧克力 150 克
- 無鹽奶油 35 克

三角形黑巧克力片
FEUILLES ET TRIANGLES
DE CHOCOLAT NOIR
（須提前 24 小時製作）
- 法芙娜「孟加里 Manjari」黑巧克力（可可含量 64%）250 克

乾燥覆盆子
FRAMBOISES SÉCHÉES
- 新鮮覆盆子 150 克

法式玉米粗粒塔皮麵團 Pâte sablée à la semoule de maïs

在裝有槳狀攪拌器的電動攪拌機的攪拌缸中，攪打奶油並依序加入其他材料。稍微攪拌即可。用保鮮膜包起，冷藏保存 30 分鐘。將塔皮麵團取出擀平並在上面以叉子均勻戳洞。為直徑 21 公分、高 2 公分的圓形中空模 (cercle)塗上奶油，在派皮上裁出相當於模型大小的圓形餅皮，放入模型。模型擺在鋪有烤盤紙的烤盤上，冷藏 1 小時。再用氣壓式旋風烤箱(four à air pulsé)以 170℃（熱度 6)烘烤約 15 分鐘。

01

蔻依巧克力甘那許 Ganache chocolat Chloé

將奶油存放在室溫下。用微波或隔水加熱＊的方式將覆蓋巧克力融化。將覆盆子泥加熱，然後將 1/3 覆盆子泥淋在覆蓋巧克力上，從中央開始攪拌，慢慢將動作向外圍擴大。重複同樣的步驟 2 次，拌入剩餘的果泥，接著混入 40℃的奶油。用手持電動攪拌器(mixeur plongeant)將甘那許攪拌至乳化(émulsionner)＊，立即使用。

02

三角形黑巧克力片 Feuilles et triangles de chocolat noir

將巧克力融化，在大理石上為巧克力調溫(tabler)*，然後淋在巧克力專用紙(papier guitare)*上。

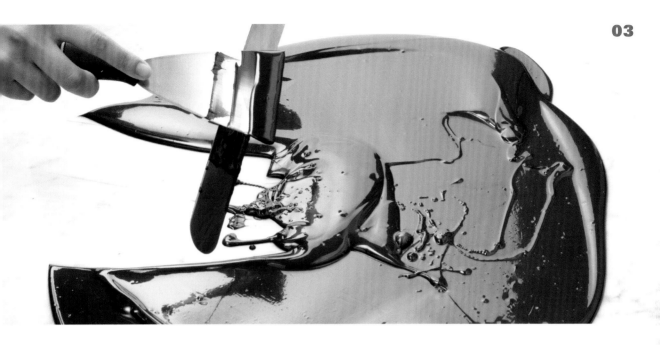

用 L 型抹刀抹平，再擺上 1 張巧克力專用紙，最後再以擀麵棍擀平。

讓巧克力稍微凝結(cristalliser)＊，然後用刀裁成直徑 21 公分的圓，再將圓形巧克力片切成 8 等分。在上面蓋上 1 張烤盤紙並壓上重物，以免巧克力變形。

在冰箱冷藏保存 24 小時。

乾燥覆盆子 Framboises séchées

將烤箱以旋風功能(four à chaleur tournante)預熱 90℃（熱度 3）。將覆盆子鋪在裝有烤盤紙的烤盤上。放進烤箱，烘烤約 1 小時 30 分鐘至乾燥。

05

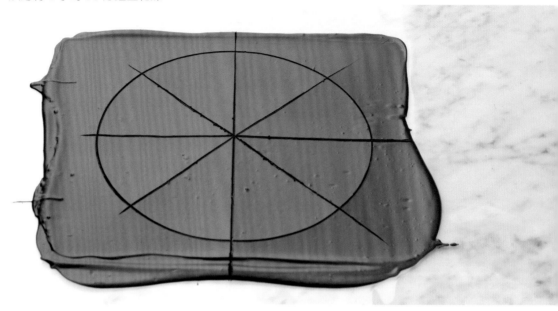

用擀麵棍將乾燥覆盆子約略壓碎。在鋪有烤盤紙的烤盤上擺上圓形中空模。放入烤好的法式玉米粗粒塔皮並撒上乾燥覆盆子碎。倒入 300 克的蔻伊巧克力甘那許，冷藏凝結 2 小時。

06

這道蔻依薄片塔適合在室溫下品嚐。

用溫熱的刀子將塔裁成8塊。

用三角形黑巧克力片來裝飾每一塊塔。

蔻依薄片塔可冷藏保存2天。

香草無限塔

TARTE INFINIMENT VANILLE

以法式塔皮為底，再鋪上香草白巧克力甘那許（ganache au chocolat blanc et à la vanille）和香草瑪斯卡邦奶油醬（crème de mascarpone à la vanille），便構成了這道塔式糕點。皮耶艾曼選擇集結不同產地的香草莢：大溪地（Tahiti）香草莢提供了香草的基調，墨西哥香草莢則增添了花香調，而馬達加斯加（Madagascar）香草莢帶進了木香調。這樣的組合得以創造出一種「獨家」的香草風味，打造出新的香草概念。

RECETTE 配方

6/8 人份 − 準備時間：120 分鐘 − 製作時間：90 分鐘

建議搭配飲品

　香草茶（*Thé vanille*）、皮耶花園茶（*Thé Jardin de Pierre*）、煎茶（*Thé vert Sencha*）

法式塔皮麵團 PÂTE SABLÉE
- 無鹽奶油 75 克
- 白杏仁粉（poudre d'amande blanche）15 克
- 糖粉 50 克
- 香草豆莢粉 1/2 克
- 蛋 1/2 顆（30 克）
- 給宏得（Guérande）鹽之花 0.5 克
- 低筋麵粉 125 克

指形蛋糕體 BISCUIT CUILLÈRE
- 蛋白 2 顆（70 克）
- 砂糖 45 克
- 蛋黃 2 顆（40 克）
- 低筋麵粉 25 克
- 馬鈴薯澱粉（fécule de pomme de terre）25 克

香草英式奶油醬 CRÈME ANGLAISE À LA VANILLE
- 液狀鮮奶油（脂肪含量 32/34%）250 克
- 剖開並取籽的馬達加斯加香草莢 1 根
- 蛋黃 2 顆（50 克）
- 砂糖 65 克
- 金牌優質片狀吉力丁（gélatine qualité Or）（凝結值 200）2 片

香草瑪斯卡邦奶油醬 CRÈME DE MASCARPONE À LA VANILLE
- 香草英式奶油醬 225 克
- 瑪斯卡邦起司（mascarpone）150 克

香草甘那許 GANACHE À LA VANILLE
- 液狀鮮奶油（脂肪含量 32/34%）115 克
- 剖開並取籽的馬達加斯加香草莢 1.5 根
- 不含酒精的天然香草精（extrait de vanilla naturel sans alcool）2 克
- 香草豆莢粉 1/2 克
- 白巧克力 125 克

香草糖漿 SIROP À LA VANILLE
- 礦泉水 100 克
- 馬達加斯加香草莢 1.5 根
- 不含酒精的天然香草精 2 克
- 砂糖 50 克
- 傳統釀造深褐色陳年蘭姆酒（vieux rhum brun agricole）5 克

香草鏡面 GLAÇAGE À LA VANILLE
- 白巧克力 50 克
- 砂糖 15 克
- 果醬用 NH 果膠（pectine NH à confiture）0.5 克
- 礦泉水 30 克
- 液狀鮮奶油（脂肪含量 32/34%）20 克
- 剖開並取籽的馬達加斯加香草莢 1/4 根
- 鈦白粉（poudre d'oxyde titane）（法國於藥妝店；台灣請在烘焙材料專賣店或食品化工材料行購買）*2 克

裝飾 FINITION
- 香草豆莢粉（poudre de vanille）

法式塔皮麵團塔底 Fond de pâte sablée

以電動攪拌機攪打奶油，接著一一混入其他材料。以保鮮膜包起後冷藏保存。在撒有麵粉的工作檯上，將麵團擀成約 2 公釐的厚度。裁成直徑 23 公分的圓形麵皮，冷藏 30 分鐘。為直徑 17 公分、高 2 公分的圓形中空模塗上奶油，將麵皮裝底(foncez)＊，並將多餘的麵皮裁去。將圓形中空模擺在鋪有烤盤紙的烤盤上，再模型內鋪上(chemisez)＊鋁箔紙，放入乾豆粒(haricot sec)，在氣壓式旋風烤箱中以 170℃(熱度 6)烘烤約 25 分鐘。

01

指形蛋糕體 Biscuit cuillère

將麵粉和馬鈴薯澱粉過篩＊。將蛋白和糖打發至硬性發泡的蛋白霜。將蛋黃倒入蛋白中，輕輕混合數秒後停止。混入麵粉和馬鈴薯粉，並用刮刀將麵糊以稍微舀起的方式混合。用裝有 7 號(直徑 0.7 公分)擠花嘴的擠花袋，在 1 張烤盤紙上擠出直徑 13 公分的圓形麵糊。在氣壓式旋風烤箱中以 230℃烘烤約 6 分鐘。從烤箱取出，放涼。

02

香草英式奶油醬 Crème anglaise à la vanille

將吉力丁片以冷水浸泡 20 分鐘。將香草莢泡在煮沸的鮮奶油中 30 分鐘。將香草鮮奶油以漏斗型濾器（chinois）* 過濾。混合蛋黃和糖，將香草鮮奶油煮沸，然後倒入蛋黃和糖中。混合後倒入平底深鍋中，以 85℃小火加熱。邊加熱邊攪拌至以手指劃過附著於木杓的奶油醬：若痕跡明顯可見，表示已完成。加入瀝乾的吉力丁片，攪拌至溶解並均勻，放涼後加以冷藏。

03

香草瑪斯卡邦奶油醬
Crème de mascarpone à la vanille

在裝有球形攪拌器的電動攪拌機的攪拌缸中，將瑪斯卡邦起司稍微打發（foisonnez）*，接著加入一部分的香草英式奶油醬繼續攪打，逐漸打至膨鬆，然後再加入剩餘的香草英式奶油醬至打發。即刻使用。

用裝有擠花嘴的擠花袋，將奶油醬填入直徑 20 公分、高 1.5 公分，泡過熱水並瀝乾的圓形中空模中，底部墊上塑膠片方便移動。用抹刀抹平表面。立刻脫模並加以冷凍。香草瑪斯卡邦奶油醬一旦凝結便可使用。

04   **05**

圓形中空模不應過熱或過冷。若模型過熱，您的奶油醬會變成液態，若過冷，脫模會脫不乾淨。

香草甘那許 Ganache à la vanille

將巧克力隔水加熱（bain-marie）* 至融化。將香草莢和鮮奶油加熱至約 50℃；浸泡 30 分鐘後取出香草莢。將鮮奶油、香草精和香草豆莢粉煮沸，均勻淋在白巧克力上，一邊攪拌。混合均勻並立即使用。

香草鏡面 Glaçage à la vanille

將巧克力隔水加熱（bain-marie）* 至融化。將糖和果膠（pectine）* 混合。將鮮奶油、水和香草莢煮沸。將香草莢取出並加入糖與果膠的混合物。煮沸，淋在巧克力上，加以攪拌。加入鈦白粉 *，用電動均質機攪打均勻並立即使用。

06

07

香草糖漿 Sirop à la vanille

將香草莢剖開並取籽，放入水和糖中，煮沸並浸泡至少 30 分鐘，加入液態的香草精和蘭姆酒。以保鮮盒冷藏保存。香草莢可留在糖漿中。

在法式塔皮麵團底部倒入香草甘那許至 3/5 的高度。用毛刷為指形蛋糕體刷上香草糖漿，擺入法式塔皮麵團底部並輕輕按壓。

08

這道香草無限塔可冷藏保存 2 天。

填入香草甘那許至與邊緣齊平，然後冷藏。一旦甘那許凝結，就將塔擺在適當大小的盤中。

將香草鏡面加熱至 35℃。將瑪斯卡邦奶油醬圓餅從冷凍庫中取出，擺在網架上，用長柄大湯勺（louche）淋上香草鏡面，用刮刀抹平至形成薄薄一層均勻的鏡面。

用刮刀從下方將瑪斯卡邦奶油醬圓餅鏟起，小心地擺在凝結的香草甘那許上。用茶濾器（passette à thé）在甘那許的一側撒上寬約 2 公分的香草豆莢粉。

10　　　　　　　　　　　　　　　　**11**

食用前請以冷藏保存。

ÉMOTION ENVIE

激情渴望

激情渴望是一道由黑醋栗果漬(compote de cassis)、烤布蕾(crème brûlée)和菫菜瑪斯卡邦奶油醬(crème de mascarpone à la violette)所組成,並以馬卡龍進行裝飾,充滿果香的清爽作品。菫菜的甜襯托出黑醋栗的刺激。

RECETTE 配方

10 杯 − 準備時間：90 分鐘 − 製作時間：180 分鐘

建議搭配飲品

礦泉水、錫蘭紅茶（*thé noir Ceylan*）、科西嘉麝香酒（*Muscat Corse*）。

水煮黑醋栗漿果 GRAINS DE CASSIS POCHÉS
- ❏ （新鮮或冷凍）黑醋栗漿果 150 克
- ❏ 礦泉水 150 克
- ❏ 砂糖 80 克

黑醋栗果漬與黑醋栗漿果 COMPOTE DE CASSIS ET GRAINS DE CASSIS
（須提前 12 小時製作）
- ❏ 黑醋栗果泥（purée de cassis） 500 克
- ❏ 醋栗果泥（purée de groseille） 90 克
- ❏ 砂糖 115 克
- ❏ 金牌優質片狀吉力丁 11 克 （凝結值 200）
- ❏ 水煮黑醋栗漿果 150 克

杏仁海綿蛋糕體 BISCUIT JOCONDE
- ❏ 全蛋 4 顆（200 克）
- ❏ 杏仁粉 150 克
- ❏ 糖粉 120 克
- ❏ 中筋麵粉（farine T55）40 克
- ❏ 無鹽奶油 30 克
- ❏ 蛋白 4 顆（130 克）
- ❏ 砂糖 20 克

菫菜香草烤布蕾 CRÈME BRÛLÉE VANILLE À LA VIOLETTE
- ❏ 全脂牛乳 1 公斤
- ❏ 液狀鮮奶油（脂肪含量 32/34%）1 公斤
- ❏ 砂糖 280 克
- ❏ 蛋黃 24 顆（480 克）
- ❏ 馬達加斯加香草莢 4 克

菫菜香草瑪斯卡邦奶油醬 CRÈME DE MASCARPONE VANILLE À LA VIOLETTE
- ❏ 瑪斯卡邦起司（mascarpone） 200 克

- ❏ 菫菜香精（arôme de violette）2 克
- ❏ 金牌優質片狀吉力丁 （凝結值 200）24 克

菫菜香草英式奶油醬 CRÈME ANGLAISE VANILLE À LA VIOLETTE
- ❏ 液狀鮮奶油（脂肪含量 32/34%）250 克
- ❏ 馬達加斯加香草莢 3 克
- ❏ 蛋黃 2 顆（50 克）
- ❏ 砂糖 60 克
- ❏ 金牌優質片狀吉力丁 （凝結值 200）3 克
- ❏ 菫菜香精（arôme de violette）2 克

茉莉矢車菊馬卡龍薄片 BISCUIT MACARON JASMIN ET FLEURS DE BLEUETS
- ❏ 杏仁粉 300 克
- ❏ 糖粉 300 克
- ❏ 蛋白 7 顆（220 克）
- ❏ 砂糖 300 克
- ❏ 礦泉水 75 克
- ❏ 乾燥的矢車菊花瓣

裝飾 FINITION
- ❏ 新鮮藍莓（Myrtille）

水煮黑醋栗漿果 Grains de cassis pochés

將水和糖煮沸，淋在黑醋栗漿果上。裝入保鮮盒中，冷藏浸漬 1 個晚上。在使用的前一天，將漿果瀝乾並冷藏保存。

黑醋栗果漬與黑醋栗漿果
Compote de cassis et grains de cassis

將吉力丁浸泡在冷水中 20 分鐘。混合兩種果泥和糖。將吉力丁片瀝乾，用微波爐加熱至融化；混入果泥中，一邊混合均勻。加入水煮黑醋栗漿果，預留備用。

01

02

杏仁海綿蛋糕體 Biscuit joconde

將奶油加熱至融化。在裝有球形攪拌器的電動攪拌機的攪拌缸中放入杏仁粉和糖粉，倒入一半的蛋，攪打 8 分鐘。分 2 次加入剩餘的蛋，再攪打 10 至 12 分鐘。將一部分混合物倒入融化的奶油中，混合均勻備用。將蛋白和砂糖一起打成泡沫狀蛋白霜，然後倒入先前的杏仁粉、糖粉和蛋糊中混合。撒下過篩後的麵粉，輕輕拌均勻，最後加入混合了融化奶油的蛋糕，拌勻成杏仁海綿蛋糕麵糊。

03

為使吉力丁片軟化，請將 1 碗水冷藏，以浸泡吉力丁片使用。
將吉力丁片一一分開，浸泡入冷水中 20 分鐘。

在 30×40 公分的矽利康不沾烘焙烤盤墊（Silpat®）上，用 L 型抹刀鋪上 530 克的杏仁海綿蛋糕麵糊。用對流烤箱（four ventillé）以 230℃（熱度 8）烘烤 5 分鐘。將烤盤墊倒扣，然後將烤盤墊取下。放涼。注意在烘烤時請勿將蛋糕體的顏色烤得過深。

用切割器（emporte-pièce）裁成直徑 4.5 公分的圓形餅皮。以保鮮盒冷藏保存。

04

05

菫菜香草烤布蕾 Crème brûlée vanille à la violette

將烤箱預熱 90℃（熱度 3）。將吉力丁片浸泡在冷水中 20 分鐘。將牛乳、糖、剖開並取籽的香草莢煮沸，浸泡 20 分鐘。用漏斗型濾器過濾，加入瀝乾的吉力丁片。混合鮮奶油、菫菜香精、蛋黃和調味牛乳，在每個杯中倒入 40 克，放入烤箱，烘烤約 30 分鐘。輕輕搖動杯子，中央應該已經凝結，若尚未凝固，請將烘烤的時間再延長 5 分鐘。將杯子從烤箱中取出，放涼後存放在陰涼處。

06

香草董菜英式奶油醬 Crème anglaise vanille à la violette

將吉力丁片浸泡在冷水中 20 分鐘。將剖開並取籽的香草莢浸泡在熱的鮮奶油中 30 分鐘，接著用漏斗型濾器 *
過濾浸泡的汁液。混合蛋黃和糖，將鮮奶油煮沸並倒入蛋黃中，混合均勻並倒入平底深鍋中，以製作英式奶
油醬的方式小火加熱至 85℃。加入瀝乾的吉力丁片、董菜香精，接著混合均勻，然後以保鮮盒保存並放涼。

07

董菜香草瑪斯卡邦奶油醬 Crème de mascarpone vanille à la violette

在裝有球形攪拌器的電動攪拌機的攪拌缸中，將瑪斯卡邦起司攪打至均勻。分 3 次加入董菜香草英式奶油醬，
一起打發。即刻使用。

08

食用之前請以冷藏保存。
這一杯杯的烤布蕾可冷藏保存 24 小時。

茉莉矢車菊馬卡龍薄片 Biscuit macaron jasmin et fleurs de bleuets

以本配方的材料製作馬卡龍麵糊（appareil à macaron）（做法參見 97 頁的摩加多爾馬卡龍 Macaron Mogador）。在鋪有矽利康不沾烘焙烤盤墊（Silpat®）* 的烤盤上，用直徑 5.5 公分的造型模板（pochoir）描出一個個的馬卡龍圓餅，並用 L 型抹刀抹平表面。立刻撒上乾燥的矢車菊花瓣，並待馬卡龍麵糊讓結皮 * 約 4 小時。用氣壓式旋風烤箱以 80°C（熱度 2-3）烘烤 2 小時，烤箱門微微打開。

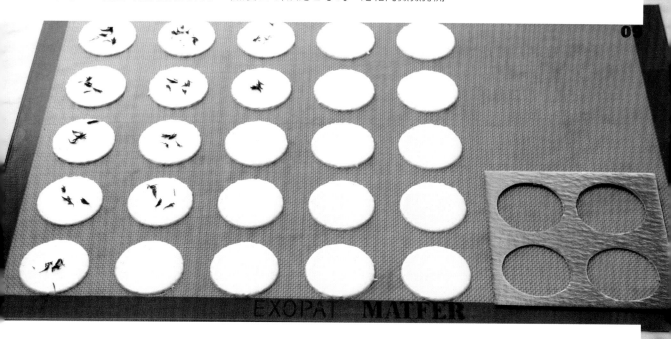

在裝有董菜香草烤布蕾的高玻璃杯中，倒入 50 克的黑醋栗果漬和黑醋栗漿果，再擺上 1 塊杏仁海綿蛋糕體。冷藏凝結 2 小時。用可拋棄式的擠花袋，填入 25 克的董菜香草瑪斯卡邦奶油醬。在董菜香草瑪斯卡邦奶油醬上再擺上 3 顆新鮮藍莓。最後在杯口擺上 1 塊茉莉矢車菊馬卡龍薄片。

絕世驚喜

SURPRISE CÉLESTE

這道香甜酥脆的蛋白霜，含有入口即化的酸味夾心。將日耳曼糕點愛好者所熟知－草莓、大黃的組合，再與百香果結合，這就是創新味道的樂趣所在。這一切形成了一種酸酸甜甜的北與南聯盟。

RECETTE 配方

約 **10** 個－準備時間：**90** 分鐘－製作時間：**90** 分鐘

建議搭配飲品

遲摘格烏茲塔明那酒（*Gewurztraminer Vendanges Tardives*）、杜瓦樂華粉紅香檳（*Champagne Rosé de saignée Dry Duval Leroy*）、半不甜的武弗雷葡萄酒（*Vouvray demi-sec*）。

法式蛋白霜
MERINGUE FRANÇAISE
- 蛋白 3 顆（100 克）
- 砂糖 200 克

杏仁碎片蛋糕體
BISCUIT AMANDE AUX ÉCLATS D' AMANDE
- 白杏仁粉 75 克
- 中筋麵粉（farine T55）20 克
- 砂糖 275 克
- 蛋白 4 顆（125 克）
- 杏仁條（amandes en bâtonnet）50 克

糖漬大黃泥 CONFIT DE RHUBARBE EN PURÉE
（須提前 12 小時準備）
- 塊狀的新鮮或快速冷凍大黃 250 克
- 砂糖 40 克
- 檸檬汁 25 克
- 丁香粉（clous de girofle en poudre）0.1 克

糖漬草莓大黃
CONFIT DE RHUBARBE AUX FRAISES
- 糖漬大黃泥 100 克
- 新鮮草莓泥 300 克
- 砂糖 30 克
- 金牌優質片狀吉力丁（凝結值 200）9 克

百香果奶油醬 CRÈME FRUIT DE LA PASSION
（須提前 24 小時準備）
- 全蛋 3 顆（150 克）
- 砂糖 140 克
- 百香果汁 105 克（約 5 顆百香果）
- 檸檬汁 15 克
- 無鹽奶油 150 克

百香慕斯林奶油醬 CRÈME MOUSSELINE AUX FRUITS DE LA PASSION
- 百香果奶油醬 500 克
- 無鹽奶油 150 克

法式蛋白霜 Meringue française

在裝有球形攪拌器的電動攪拌機的攪拌缸中倒入蛋白；以中速攪打，同時混入 35 克的糖，直到體積膨脹為 2 倍，加入 65 克的糖，持續攪打至變得非常凝固，非常平滑且極具光澤。將電動攪拌機的攪拌缸取出，在蛋白中混入 100 克的糖，一邊用刮刀以稍微舀起的方式，攪拌所有材料，但盡量不要攪拌太多次。即刻使用。

01

蛋白霜圓殼 Coques de meringue en dôme

在塑膠擠花袋中填入蛋白霜，在直徑 7 公分的圓弧形矽膠烤模（moule Flexipan®）中擠入蛋白霜至 1/3 的高度，接著用湯匙將蛋白霜均勻鋪滿整個圓弧形內壁（chemisez）*。用湯匙刮去上方多餘的蛋白霜。理想的狀況是用烤箱以 60℃（熱度 2）烘烤這些蛋白霜圓殼數小時，將蛋白霜烘乾。在蛋白霜充分乾燥時，在覆有烤盤紙的烤盤上脫模，並用烤箱以 110℃（熱度 3-4）再烘烤 20 分鐘。

02

最好使用保存在室溫下的「老」（vieux）蛋白＊：變得較液態不那麼濃稠，蛋白較容易打發，而且不容易塌陷。

杏仁碎片蛋糕體 Biscuit amande aux éclats d'amandes

將杏仁粉和 200 克的砂糖及麵粉混合並過篩 *。在裝有球形攪拌器的電動攪拌機的攪拌缸中,將蛋白打成泡沫狀,一邊逐漸加入剩餘的砂糖。將電動攪拌機的攪拌缸取出;混入先前的混合物,以刮刀將麵糊以輕輕舀起的方式混合均勻。麵糊填入裝有 8 號(直徑 0.8 公分)圓口擠花嘴的擠花袋中,擠出直徑 6 公分螺旋狀的圓形麵糊,並撒上杏仁條。以 170℃(熱度 5－6)烘烤 20 分鐘。放涼。

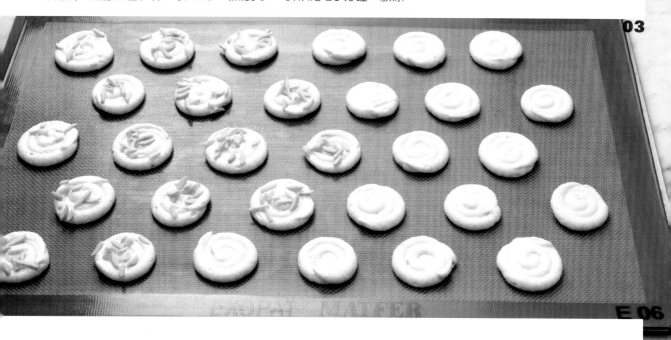

03

糖漬大黃泥 Confit de rhubarbe en purée

前一天晚上,將新鮮大黃切成 1.5 公分的段,然後用糖浸漬。

04

當天，將大黃瀝乾，和檸檬汁及丁香粉一起燉煮至軟。放涼後用食物處理機攪打成泥狀。即刻使用或是以保鮮盒冷藏或冷凍保存。

糖漬草莓大黃 Confit de rhubarbe aux fraises
將吉力丁片浸泡在冷水中至少 20 分鐘。瀝乾後和部分的糖漬大黃泥一起加熱至溶解均勻。加入草莓泥和糖，接著所有材料加以混合。倒入長方形的盤中，冷凍 1 小時。用切割器裁成直徑 4 公分的圓。

百香果奶油醬 Crème fruit de la Passion

混合蛋、砂糖、百香果汁和檸檬汁。

隔水加熱(bain-marie)＊，一邊不時地攪拌。將這混合物加熱至 83/84℃。

07

用漏斗型濾器＊過濾，以隔水降溫(bain-marie)＊冷卻至 60℃，並加入奶油，用手持攪拌器攪打至平滑。
持續攪拌所有材料 10 分鐘，以便讓脂質分子裂開，如願形成滑順的奶油醬。放涼 24 小時後再使用。

08

百香慕斯林奶油醬 Crème mousseline aux fruit de la Passion

在電動攪拌機的攪拌缸中，先用槳狀攪拌器，再以球形攪拌器攪打奶油，將奶油盡可能打發（foisonner）＊。
接著混入百香果奶油醬。這道百香慕斯林奶油醬必須在完成後立即使用。

09

組合 Assemblage

將蛋白霜圓殼再放回圓弧矽膠烤模中，並填入百香慕斯林奶油醬至一半的高度。擺上圓片狀的糖漬草莓大黃，
輕輕按壓，然後填入百香慕斯林奶油醬至與邊緣齊平，將蛋白霜圓殼填滿。

10

擺上杏仁碎片蛋糕體，杏仁條朝下。入冰箱冷凍保存，以利接下來的脫模和包裝。

在工作檯上擺上 1 張紅色玻璃紙（23×25 公分），接著將「驚喜」糕點反向倒扣在玻璃紙中央（凸起面朝下），
將玻璃紙較長的兩邊對摺，將「驚喜」包起，並將兩端反向扭轉。

應在糕點非常冰涼，而且近乎冰凍的狀態下進行包裝。

在食用前請以冷藏保存。

MISS GLA'GLA MONTEBELLO

蒙特貝羅葛拉葛拉小姐

長方形的單人份冰淇淋，最先嚐到的是水果的味道。這個組合玩弄的是草莓雪酪（sorbet fraise）和開心果冰淇淋（glace à la pistache）的搭配，並以烤開心果的芳香做為基調。

約 18 個葛拉葛拉小姐－準備時間：60 分鐘－製作時間：30 分鐘

開心果馬卡龍 BISCUIT MACARON PISTACHE

- ❏ 杏仁粉 300 克
- ❏ 糖粉 300 克
- ❏ 蛋白 7 顆（200 克）
- ❏ 開心果綠著色劑（colorant vert pistache）1 滴
- ❏ 檸檬黃著色劑（colorant jaune citron）1 滴
- ❏ 砂糖 300 克
- ❏ 礦泉水 75 克

草莓雪酪 SORBET FRAISE

（須提前 24 小時製作）

- ❏ 草莓 650 克
- ❏ 檸檬汁 15 克
- ❏ 礦泉水 90 克
- ❏ 砂糖 190 克

開心果冰淇淋 GALCE PISTACHE

（須提前 24 小時製作）

- ❏ 全脂牛乳 350 克
- ❏ 奶粉 30 克
- ❏ 砂糖 100 克
- ❏ 蛋黃 2 顆（50 克）
- ❏ 液狀鮮奶油（crème fleurette）100 克
- ❏ 開心果糊（pâte de pistache）*55 克
- ❏ 去皮的烤開心果 35 克

開心果馬卡龍 Biscuit macaron pistache

將糖粉和杏仁粉過篩＊。在一半的蛋白中混入著色劑，然後再混入過篩的備料中。將水和糖煮沸，並煮至118℃的糖漿。開始將另一半的蛋白打成泡沫狀。將煮好的糖漿緩慢的倒入已打發的蛋白霜中。持續攪打至降溫為50℃，然後混入先前的備料中，攪拌混合所有材料，並非打發讓麵糊膨脹。用造型模板(pochoir)在鋪有矽利康不沾烘焙烤盤墊(Silpat®)＊的烤盤上製作長方形的馬卡龍。

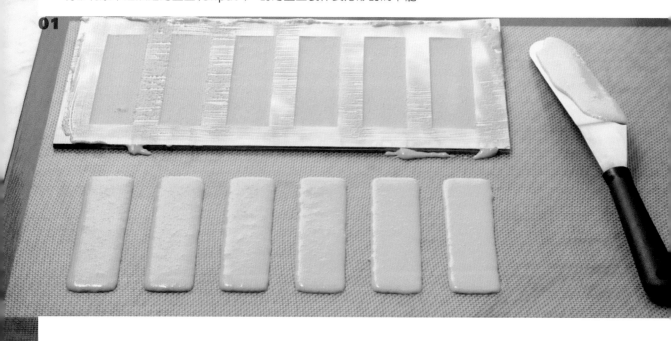

將模板取下。讓長方形麵糊在室溫下結皮(croûter)＊至少1小時。在氣壓式旋風烤箱中以160℃烘烤8分鐘，期間將烤箱門快速打開1次，以散出水氣。取出後放涼。

為了製作馬卡龍的造型模板，請將厚紙板裁出6個3.5×12公分的長方形。

草莓雪酪 Sorbet fraise

將水煮沸並淋在砂糖上。趁熱騰騰的狀態下攪拌混合均勻，然後冷藏保存。用電動均質機攪打草莓至形成果泥，並以漏斗型濾器 * 過濾。待草莓果泥靜置熟成約 24 小時後，在糖漿中加入草莓果泥和檸檬汁。再用電動均質機攪打一次，然後放入雪酪機中攪拌成形。

03

開心果冰淇淋 Glace pistache

將牛乳、奶粉、開心果糊 *、鮮奶油和糖加熱至 35℃，接著加入蛋黃，一邊攪拌一邊加熱至 40℃。如同英式奶油醬般，小火加熱至 85℃。讓混合物冷藏靜置熟成 24 小時，用漏斗型濾器(chinois étamine)* 過濾，再用電動均質機攪打，然後放入雪酪機中攪拌成形。在攪拌成形的最後，混入去皮的烤開心果碎粒。

04

蒙特貝羅式混合 Mélange «Montebello»

將開心果冰淇淋倒在草莓雪酪上,而草莓雪酪必須
裝在預先冷凍過的不鏽鋼盆(bac inox)中。

用冰淇淋挖杓(cuillère à glace)輕輕地混合兩種
冰品,以獲得預期的「大理石冰淇淋」(panaché)
雙色混合的效果。

05

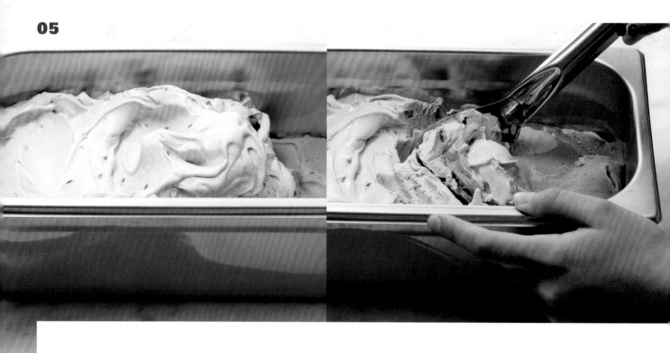

將厚度 2.5 公分的不鏽鋼矩形中空模(57×11 公分)擺在鋪有烤盤紙的烤盤上,並填入先前的雙色冰淇淋。讓
材料冷凍凝固至少 45 分鐘。

07

將冰淇淋裁成 3×11.5 公分的長方形。冷凍保存。

將 1 塊長方形冰淇淋夾在 2 塊長方形的開心果馬卡龍之間。冷凍保存。

品嚐前 30 分鐘從冷凍庫中取出。
這些蒙特貝羅葛拉葛拉小姐以 −18/−20℃冷凍，可保存 8 星期。

神來之筆

ENTRE RÉVÉLATION

(TOMATE/FRAISE/HUILE D'OLIVE)

（番茄 / 草莓 / 橄欖油）

「分享的心情」。橄欖油瑪斯卡邦醬（crème de mascarpone à l'huile d'olive）的滑順、乾燥黑橄欖塊所形成的斑紋與口感，這種組合達到了一種難以形容的極致美味 應該與大家一起分享！經過非常精細烘烤的折疊派皮，非常酥脆；番茄的風味更襯托它驚人地香酥。

RECETTE 配方

6－8人份－準備時間：90分鐘－製作時間：30分鐘

建議搭配飲品

索甸甜酒（*Sauternes*）、聖克魯瓦蒙酒（*Sainte croix du Mont*）、武弗雷甜酒（*Vouvray moelleux*）

番茄折疊派皮
PÂTE FEUILLETÉE À LA TOMATE
- ❑ 奶油 490 克
- ❑ 番茄風乾粉（sablon de tomate）（Olivier & co）60 克
- ❑ 中筋麵粉（farine T55）425 克
- ❑ 鹽之花 18 克
- ❑ 礦泉水 150 克
- ❑ 白醋（vinaigre blanc）2.5 克

番茄折疊派皮火柴
ALLUMETTES DE PÂTE FEUILLETÉE À LA TOMATE
- ❑ 足量（QS）的砂糖

乾燥黑橄欖
OLIVES NOIRES SÉCHÉES
（須提前 12 小時準備）
- ❑ 「希臘」式無香料去核黑橄欖 40 克

杏仁海綿蛋糕體
BISCUIT JOCONDE
- ❑ 全蛋 3 顆（200 克）
- ❑ 杏仁粉 150 克
- ❑ 糖粉 120 克
- ❑ 中筋麵粉（farine T55）40 克
- ❑ 無鹽奶油 30 克
- ❑ 蛋白 4 顆（130 克）
- ❑ 砂糖 20 克

糖漬番茄草莓 COMPOTE DE TOMATE ET FRAISE
- ❑ 番茄 850 克
- ❑ 新鮮草莓泥 150 克
- ❑ 黃檸檬汁（jus de citron jaune）100 克
- ❑ 砂糖 150 克
- ❑ 金牌優質片狀吉力丁（凝結值 200）25 克

橄欖油香草瑪斯卡邦奶油醬
CRÈME DE MASCARPONE À L'HUILE D'OLIVE ET VANILLE
- ❑ 液狀鮮奶油（脂肪含量 32-34%）50 克
- ❑ 砂糖 60 克
- ❑ 馬達加斯加香草莢 1.5 根
- ❑ 金牌優質片狀吉力丁（凝結值 200）3 克
- ❑ 芮菲妲（Ravida）橄欖油（Olivier & co）175 克
- ❑ 瑪斯卡邦起司（mascarpone）250 克

番茄折疊派皮 Pâte feuilletée à la tomate

將 350 克的奶油、75 克的麵粉和番茄風乾粉攪拌至混合均勻。揉成扁平麵團，用保鮮膜包起，然後冷藏 1 小時。混合剩餘的麵粉、鹽、奶油、水和醋，製作基本揉和麵團（détrempe）。擀成矩形，用保鮮膜包起，靜置 1 小時。

01

將番茄麵團擀平，中央放上矩形的基本揉和麵團（détrempe）。將麵團縱向擀開，將 2 端朝中央折起，接著再對摺。這是第 1 個雙折＊。冷藏 2 小時後再重複 1 次同樣的程序，共進行 2 次雙折（tour double），每完成 1 次折疊，就將麵團冷藏。接著進行 1 次單折：將派皮擀平，將 1/3 折起，接著再疊上另外 2/3 的派皮。然後才進行裁切。將折疊派皮擀平。從兩側向內將派皮稍微濕潤，然後倒扣在足量的砂糖上，加以冷藏。取出後用刀切成 8×2 公分的條狀。靜置 3 至 4 小時。將條狀派皮擺在鋪有烤盤紙的烤盤上。以 170℃（熱度 6）烘烤 12 至 15 分鐘。

02

折疊派皮在完成 2 次雙折後，可冷藏保存數日。

＊見 103 頁基礎配方（recettes de base）。

杏仁海綿蛋糕體 Biscuit joconde

製作 1 塊杏仁海綿蛋糕體（麵糊做法請參見 62 頁的激情渴望）。

在 30×40 公分的矽利康不沾烘焙烤盤墊（Silpat®）上，用 L 型抹刀鋪上 530 克的杏仁海綿蛋糕體麵糊。用氣壓式旋風烤箱以 230℃（熱度 7-8）烘烤 5 分鐘。倒扣在 1 張烤盤紙上並將烤盤墊剝下。請注意，在烘烤時，請勿將蛋糕體的顏色烤得過深。

03

糖漬番茄草莓 Compote de tomate et fraise

將吉力丁片浸泡在冷水中至少 20 分鐘。將底部劃十字刀痕的番茄浸泡在沸水中 1 分鐘，取出然後去皮。切開去籽後以電動均質機打成番茄泥。將 1/4 的番茄泥稍微加熱至 45℃，以便將瀝乾的吉力丁片加入溶解；混入剩餘的番茄泥和草莓泥、糖和黃檸檬汁，一邊用力攪打均勻。

將 250 克的糖漬番茄草莓果泥倒入直徑 19 公分的容器內。

乾燥黑橄欖 Olives noires séchées

將橄欖切成 2 半,以 90℃(熱度 3)烘烤 12 小時,將橄欖烘乾。將烘烤完成的橄欖約略切碎,以保鮮盒保存。

05

橄欖油香草瑪斯卡邦醬 Crème de mascarpone à l'huile d'olive et vanille

將吉力丁片浸泡在冷水中 20 分鐘。將鮮奶油和糖、剖開並取籽的香草莢煮沸,浸泡 20 分鐘,接著將香草莢移除。將吉力丁片瀝乾,加入仍微溫的奶油醬中,混合溶解均勻。將混合物倒入食物調理機(robot)中,啟動,並緩緩倒入橄欖油,攪拌以獲得接近蛋黃醬(美乃滋)般濃稠的備料。加入瑪斯卡邦起司並混合均勻。將橄欖碎,加入上述材料中,並用軟抹刀(maryse)輕輕混合。

06

組合 Assemblage

在糖漬番茄草莓果泥上擺入圓餅狀的杏仁海綿蛋糕體。待冷卻。鋪上 200 克混合好的橄欖油瑪斯卡邦醬和乾燥黑橄欖。在表面鋪上條狀的番茄千層酥，並再度填入 200 克的橄欖油瑪斯卡邦醬和乾燥黑橄欖。冷藏至少 1 小時。用切半的櫻桃番茄（tomate cerise）和切半的草莓進行裝飾。最後擺上 6 條番茄千層酥。

食用前請以冷藏保存。

摩加多爾馬卡龍

MACARON
MOGADOR

表層薄脆內層軟心，並夾著滑順內餡的馬卡龍。在甘那許（ganache）中，牛奶巧克力緩和了百香果的酸，使整個香氣更為濃郁。

約 72 塊馬卡龍 − 準備時間：**45 分鐘** − 製作時間：**25 分鐘**

**百香牛奶巧克力甘那許
GANACHE AU FRUIT
DE LA PASSION ET AU
CHOCOLAT AU LAIT**
❏ 百香果 10 顆（用來製作 250
克的果汁）

❏ 法芙娜「吉瓦納 Jivara」巧克力
或可可含量 40% 的牛奶巧克
力 550 克
❏ 室溫下的奶油 100 克

**百香果馬卡龍 BISCUIT
MACARON PASSION**
❏ 杏仁粉 300 克
❏ 糖粉 300 克
❏ 蛋白 7 顆（220 克）
❏ 檸檬黃食用著色劑（colorant
alimentaire jaune citron）5 克

❏ 紅色著色劑約 0.5 克
（1/2 小匙）
❏ 砂糖 300 克
❏ 礦泉水 75 克
❏ 可可粉（Cacao en poudre）

百香牛奶巧克力甘那許 Ganache au fruit de la Passion et au chocolat au lait

將奶油切塊，並用鋸齒刀（couteau-scie）將巧克力切碎。

將百香果切成 2 半，用小湯匙將果肉挖出，將果肉過篩 *，以獲得 250 克的果汁。將果汁煮沸。將巧克力以平底深鍋隔水加熱（bain-marie）* 至半融狀態。分 3 次將熱的百香果汁淋在巧克力上，持續混合均勻。

01

當混合物的溫度達到 60°C 時，一點一點地混入奶油塊。攪拌至甘那許變得平滑。冷藏保存至形成乳霜狀。

02

注意
在倒入百香果汁時，若甘那許油水分離，這是正常的。這是巧克力所含的脂質分子分裂的緣故，只要按照配方中所指示的步驟持續攪拌，您就能獲得富有光澤且滑順的漂亮甘那許。

百香果馬卡龍 Biscuit macaron Passion

將糖粉和杏仁粉過篩 *。在一半的蛋白中混入著色劑,並混入糖粉和杏仁粉等過篩後的備料中。將水和糖煮沸至 118℃。當糖漿到達 115℃的同時,開始將另一半的蛋白打成泡沫狀的蛋白霜。

將煮至 118℃的糖漿緩緩倒入打發的蛋白霜中。持續攪打至降溫為 50℃。

將蛋白霜混入糖粉、杏仁粉、蛋白和著色劑等混合好的材料中，輕輕拌合所有材料，勿讓麵糊打發膨脹。倒入裝有 11 號(直徑 1.1 公分)圓口擠花嘴的擠花袋中。

05

製作直徑約 3.5 公分的圓形麵糊，間隔 2 公分地擠在鋪有矽利康不沾烘焙烤盤墊(Silpat®)* 的烤盤上。烤盤向下輕敲鋪有餐巾(linge de cuisine)的工作檯，以敲出麵糊中的小氣泡。

06

用網篩（tamis）在殼狀麵糊上篩上薄薄一層可可粉。讓麵糊在室溫下結皮（croûter）* 至少 30 分鐘。
將烤箱以旋風功能預熱 180℃（熱度 6）。放入烤箱烘烤 12 分鐘，其間將烤箱門快速打開 2 次，散出水氣。
出爐後，將殼狀餅皮擺在工作檯上放涼。

將百香牛奶巧克力甘那許倒入裝有 11 號（直徑 1.1 公分）圓口擠花嘴的擠花袋中。將甘那許大量擠在一半的馬
卡龍餅殼上。蓋上另一半的馬卡龍餅殼。品嚐前 2 小時再從冰箱中取出。

請將馬卡龍冷藏保存 24 小時，因為隔天風味會更好。

GLOS SAIRE

B

BLANCS D'ŒUFS LIQUÉFIÉS OU VIEUX
液化蛋白或老蛋白

保存在室溫下數日的「老」蛋白比較呈液體狀不那麼濃稠，較容易打成泡沫狀，也較不容易塌陷。

BAIN-MARIE
隔水加熱（隔水降溫）

將材料放入 1 個較小的容器中，再擺放在另 1 個裝有沸水或冷水的較大容器上，緩慢地加熱或降溫。

C

CHEMISER 內壁塗層

在模型內壁鋪上烤盤紙、鋁箔紙或直接鋪上備料。

CHINOIS ÉTAMINE
漏斗型濾器

用來過濾食材的圓椎形濾器。

CHINOISER 過濾

用漏斗型濾器過濾食材。

CHOCOLAT DE COUVERTURE
覆蓋（淋覆）巧克力

富含可可脂（beurre de cacao）的巧克力，用於糕點和甜品的製作。

CROÛTER 結皮

在烘烤前，將馬卡龍的麵糊外皮放至乾燥，以便讓表面稍微凝結硬化，而且以手指觸碰時不會沾黏。

E

ÉMULSIONNER 乳化

快速攪拌備料，以便將空氣混入食材中，油分子與水分子均勻混合。

F

FOISONNER 打發

用力攪打材料，盡可能混入最多的空氣或讓材料混合乳化，讓質地變得膨鬆並增加體積。

FONCER 裝底

將麵皮填入模型或圓形中空模之內。

G

GANACHE 甘那許

主要由鮮奶油和巧克力（白巧克力、黑巧克力或牛奶巧克力）所組成的製品，用來填入糕點或馬卡龍中。

O

OXYDE DE TITANE
二氧化鈦 / 鈦白粉

讓象牙白的巧克力著色性質穩定的白色食品顏料。法國於藥妝店；台灣請在烘焙材料專賣店或食品化工材料行購買。

P

PAPIER GUITARE OU FEUILLES RHODOÏD
巧克力專用紙或羅德紙

賦予巧克力光澤的透明塑膠薄片。可輕易以文具店購買的精裝塑膠片取代。

PÂTE DE PISTACHE
開心果糊

磨碎並形成綠色膏狀的開心果。

PECTINE 果膠

存在於某些水果中的天然膠凝物質。

POCHER 勾勒（擠出）

用裝有擠花嘴的擠花袋擠出形狀。

TABLER/TEMPÉRER LE CHOCOLAT

巧克力大理石板調溫 / 調溫

融化巧克力的一個過程，又稱調溫，是指將巧克力加熱至一定的溫度（依巧克力種類而定），以便讓可可脂、可可、糖和奶粉能夠均勻地凝結。目的是獲得平滑、流質且帶有光澤的質地。

TAMISER 過篩

可去除結塊，並獲得細緻而均勻的粉末。

TAPIS SILPAT®

矽利康不沾烘焙烤盤墊

用於烘焙或凝固的矽膠墊。可於專用店購買，亦可用其他品牌的矽膠墊取代。

TRANCHER 油水分離

脂質分子與其他食材之間的分離。為使材料均勻，請用力攪打。

RECETTES DE BASE

MERINGUE ITALIENNE

義式蛋白霜

- 礦泉水 75 克
- 砂糖 250 克
- 蛋白 4 顆(125 克)

在平底深鍋中,將水和糖煮沸。煮沸時,用濕潤的毛刷擦拭鍋子邊緣。煮至 118℃ 的糖漿。糖漿 110℃時,在裝有球形攪拌器的電動攪拌機的攪拌缸中,倒入蛋白打發至形成「鳥嘴狀」,即不要太硬的蛋白霜。將煮好的糖漿緩慢地倒入打發的蛋白霜中。並持續攪打至降溫。

MERINGUE FRANÇAISE

法式蛋白霜

- 蛋白 3 顆(100 克)
- 砂糖 200 克

在裝有球形攪拌器的電動攪拌機的攪拌缸中倒入蛋白;以中速攪打,一邊混入 35 克的糖,直到體積膨脹為 2 倍,再混入 65 克的糖,持續攪打至蛋白變得非常結實、平滑並富有光澤。將攪拌缸從攪拌機中取出,在蛋白中撒下剩餘 100 克的糖,用刮刀以稍微舀起的方式攪拌均勻,但盡量不要攪拌太多次以免消泡。即刻使用。

CRÈME ANGLAISE

英式奶油醬

- 全脂牛乳 180 克
- 蛋黃 7 顆(140 克)
- 砂糖 80 克

將蛋黃與糖混合,另取一鍋子將牛乳煮沸,先少量淋在蛋黃和糖上攪拌均勻,再全部倒入混合。倒入平底深鍋中,接著小火加熱至 85℃。用手指劃過沾附一層奶油醬的木杓杓背:若劃過的痕跡清晰可見,表示已完成烹煮。用手持網狀攪拌器攪打均勻,放涼,並以冷藏保存。

BISCUIT DACQUOISE AUX NOISETTES

榛果打卦滋蛋糕體

- ❏ 榛果粉 210 克
- ❏ 糖粉 230 克
- ❏ 蛋白 8 顆(230 克)
- ❏ 砂糖 75 克
- ❏ 磨碎的烘烤榛果 70 克

在鋪有烤盤紙的烤盤上，以 150℃（熱度 5）烘烤榛果粉 10 分鐘。將糖粉和榛果粉一起過篩。分 3 次加入糖，將蛋白打發，直到您獲得柔軟的法式蛋白霜。加入過篩的混合物，用軟刮刀將材料以輕輕舀起的方式，混合均勻成為麵糊。在鋪有烤盤紙的烤盤上，擺上 1 個矩形中空模，並用 L 型抹刀均勻地鋪上上述麵糊；均勻地撒上磨碎的榛果。用對流烤箱以 170℃（熱度 6）烘烤約 30 分鐘，其間將烤箱門打開 1 次，以免打卦滋在膨脹後因烤箱內水蒸氣的集結而塌陷。

CHANTILLY

鮮奶油香醍

- ❏ 充分冷卻的全脂液狀鮮奶油(crème fleurette)150 毫升－脂質含量 35%
- ❏ 糖粉 1 大匙

用電動攪拌器或食物調理機將奶油打發，先以低速，然後再增加速度，並在攪拌過程的最後，加入 1 大平匙的糖粉。

PÂTE FEUILLETÉE INVERSÉE

反折疊派皮

- ❏ 奶油 375 克
- ❏ 礦泉水 150 克
- ❏ 低筋麵粉(farine T45)500 克
- ❏ 鹽之花 17.5 克
- ❏ 奶油 115 克
- ❏ 白醋 2.5 克

將奶油和 150 克的麵粉揉捏至均勻混合。揉成扁平的麵團，用保鮮膜包起，然後冷藏 1 小時。混合剩餘的材料，製作基本揉和麵團（détrempe）。基本揉和麵團擀成矩形，用保鮮膜包起，靜置 1 小時。將奶油麵粉混合的麵團擀開，包入矩形的基本揉和麵團。將整個麵團縱向擀開，2 端朝中央折起，接著再對褶。這是第 1 個雙折(tour double)。冷藏 2 小時後再重複 1 次同樣的程序。再將派皮冷藏 2 小時，接著進行 1 次單折：將派皮擀平，將 1/3 折起，接著再疊上另外 2/3 的派皮。用擀麵棍將派皮擀平，接著進行裁切，並用叉子在派皮上戳洞。在烤盤上擺上 1 張烤盤紙，再放上派皮。將整個烤盤冷藏至少 2 小時，以便讓派皮在烘烤時能夠均勻地膨脹，並在烘烤時不會收縮。您可將擀好的派皮冷凍保存。

RECETTES DE BASE

BISCUIT JOCONDE

杏仁海綿蛋糕體

- 全蛋 4 顆（200 克）
- 杏仁粉 150 克
- 糖粉 120 克
- 中筋麵粉（farine T55）40 克
- 無鹽奶油 30 克
- 蛋白 4 顆（130 克）
- 砂糖 20 克

將奶油加熱至融化。在裝有球形攪拌器的電動攪拌機的攪拌缸中放入杏仁粉和糖粉，倒入一半的全蛋，攪打 8 分鐘。分 2 次加入剩餘的全蛋，再攪打 10 至 12 分鐘。將少部分混合物倒入融化的奶油中，混合均勻備用。將蛋白和砂糖一起打成泡沫狀蛋白霜，然後倒入先前的杏仁粉、糖粉和蛋糊中混合。撒下過篩後的麵粉，輕輕拌均勻，最後加入混合了融化奶油的蛋糊，拌勻成杏仁海綿蛋糕麵糊。在矽利康不沾烘焙烤盤墊或烤盤紙上，用 L 型抹刀鋪上杏仁海綿蛋糕體麵糊。用對流烤箱（four ventillé）以 230℃（熱度 8）烘烤 5 分鐘。注意在烘烤時請勿將蛋糕體的顏色烤得過深。

SAUCE CHOCOLAT

巧克力醬

- 法芙娜（Valrhona）「瓜納拉 Guanaja」巧克力（可可含量 70%）130 克
- 水 250 毫升
- 砂糖 90 克
- 高脂鮮奶油（crème épaisse）

將巧克力切塊；與水、砂糖和奶油一起放入大的平底深鍋中。以文火煮沸並持續沸騰，一邊用軟刮刀（spatule）攪拌，直到醬汁附著於軟刮刀上，而且變得如預期般滑順。

CRÈME PÂTISSIÈRE

卡士達奶油醬

- 全脂牛乳 500 克
- 香草莢 5 克
- 全脂牛乳 80 克
- 蛋黃 7 顆（140 克）
- 砂糖 150 克
- 鮮奶油粉（poudre à crème）45 克
- 麵粉 15 克
- 奶油 60 克

將牛乳與香草莢一起煮沸，浸泡 20 分鐘。將浸泡液以漏斗型濾器（chinois étamine）過濾。將麵粉和鮮奶油粉一起過篩備用。香草浸泡液加入 1/3 份量的砂糖混合，加以煮沸。蛋黃、過篩的粉類，以及剩餘的 2/3 砂糖混合，用 80 克牛乳調和該混合物，加入香草浸泡液中煮沸並讓食材續滾 5 分鐘，一邊用網狀攪拌器快速攪打，避免結塊，接著倒入沙拉碗（saladier）中降溫。待降溫至 50℃時加入奶油拌勻。待降溫至 30℃時，將卡士達奶油醬裝入保鮮盒中，用保鮮膜緊貼奶油醬覆蓋，冷藏保存。

CRÈME AU BEURRE

法式奶油霜

- ❏ 全脂牛乳 180 克
- ❏ 蛋黃 140 克
- ❏ 砂糖 180 克
- ❏ 義式蛋白霜 175 克
- ❏ 室溫下的奶油 750 克

將牛乳、蛋黃和砂糖混合後，如英式奶油醬般煮至 85℃，接著放入電動攪拌機(batteur)中，以高速攪打至冷卻。在另一個攪拌缸中用球狀攪拌器(fouet)將奶油打發(foisonner)*。加入冷卻的英式奶油醬攪拌，接著再用手持軟刮刀混入 175 克的義式蛋白霜至均勻。密封後冷藏保存。

CRÈME MOUSSELINE

慕斯林奶油醬

- ❏ 法式奶油霜 745 克
- ❏ 卡士達奶油醬 140 克
- ❏ 打發的液狀鮮奶油(crème fleurette)165 克

在不鏽鋼金屬盆(cul de poule)中，用攪拌器將卡士達奶油醬攪拌至光滑。在電動攪拌機中，將法式奶油霜打發，接著再加入卡士達奶油醬。用手持軟刮刀混入打發的鮮奶油至均勻。即刻使用。

CARNET D'ADRESSES
PIERRE HERME

WWW.PIERREHERME.COM
皮耶艾曼店址

巴黎 PARIS

185, RUE DE VAUGIRARD
PARIS 15ᵉ

72, RUE BONAPARTE
PARIS 6ᵉ

4, RUE CAMBON, PARIS 1ᴱᴿ

AU PUBLICIS DRUGSTORE
位於碧麗熙購物中心
133, AVENUE DES CHAMPS
ÉLYSÉES
PARIS 8ᵉ

AUX GALERIES LAFAYETTE
位於拉法葉百貨
ESPACE SOULIERS ET
ESPACE LUXE
40, BOULEVARD
HAUSSMANN
PARIS 9ᵉ

AUX GALERIES LAFAYETTE
MAISON
位於拉法葉百貨
35, BOULEVARD
HAUSSMANN
PARIS 9ᵉ

58, AVENUE PAUL DOUMER
PARIS 16ᵉ

39, AVENUE DE L'OPÉRA
PARIS 2ᵉ

AVENUE CHARLES
DE GAULLE
78158 LE CHESNAY CEDEX

LA MAISON PIERRE HERMÉ
PARIS SIGNE ÉGALEMENT
LES DESSERTS DU ROYAL
MONCEAU-RAFFLES PARIS
37, AVENUE HOCHE
PARIS 8ᵉ

南特 NANTES

AUX GALERIES LAFAYETTE
DE NANTES
2 À 20, RUE DE LA MARNE
44300 NANTES

阿爾薩斯 ALSACE

AUX GALERIES LAFAYETTE
DE STRASBOURG
位於史特拉斯堡的拉法葉百貨
33, RUE DU 22 NOVEMBRE
67000 STRASBOURG

39, AVENUE DE L'OPÉRA, PARIS 2e

72, RUE BONAPARTE PARIS 6e

13 LOWNDES STREET,
BELGRAVIA, LONDON SW1

A SELFRIDGES,
400 OXFORD STREET
LONDON W1A 1AB

THE NEW OTANI
4-1 KIOI-CHO
CHIYODA-KU
TOKYO 102-8578

319, IKSPIARI
1-4 MAIHAMA
URAYASU-SHI
CHIBA-KEN 279-8529

LA PORTE AOYAMA 1F 2F –
5-51-8 JINGUMAE
SHIBUYA-KU
TOKYO 150-0001

ISETAN SHINJUKU
B1F3-14-1 SHINJUKU
SHINJUKU-KU
TOKYO 160-0022

NIHONBASHI MITSUKOSHI
B1F HONKAN 1-4-1
NIHONBASHI-
-MUROMACHI
CHUO-KU
TOKYO 103-8001

SHIBUYA SEIBU - UDAGAWA-
CHO 21-1, BAT A B1F
SHIBUYA-KU
TOKYO 150-8330

DAIMARU TOKYO NEW STORE
1F 1-9-1 MARUNOUCHI
CHIYODA-KU
TOKYO 100-6701

SEIBU IKEBUKURO
B1F, 1-28-1 MINAMI-
IKEBUKURO, TOSHIMA-KU
TOKYO 171-8569

FUTAKO TAMAGAWA
TOKYU FOODSHOW
BF1, 2-21-2 TAMAGAWA
SETAGAYA-KI
TOKYO 158-0094

JR OSAKA MITSUKOSHI
ISETAN
B2F, 3-1-3 UMEDA
KITA-KU, OSAKA-SHI
OSAKA-FU 530 8558

INDEX DES PRODUITS

系列名稱 / 大師系列

書　　名 / 大師之最皮耶艾曼 BEST of PIERRE HERMÉ

作　　者 / 皮耶艾曼 PIERRE HERMÉ

出版者 / 大境文化事業有限公司

發行人 / 趙天德

總編輯 / 車東蔚

文　　編 / 編輯部　　美　編 / R.C. Work Shop

翻　　譯 / 林惠敏

地址 / 台北市雨聲街77號1樓

TEL / (02)2838-7996　　FAX / (02)2836-0028

初版日期 / 2012年10月

定　　價 / 新台幣450元

ISBN / 978-957-0410-94-5

書　　號 / Master 04

讀者專線 / (02)2836-0069

www.ecook.com.tw

E-mail / service@ecook.com.tw

劃撥帳號 / 19260956大境文化事業有限公司

原著作名 BEST of PIERRE HERMÉ

作者　PIERRE HERMÉ

原出版者　Published by Alain Ducasse Edition

BEST of PIERRE HERMÉ

© Alain Ducasse Edition, 2011

I.S.B.N. 978-2-84123-350-2

for the text relating to recipes and techniques, the photographs and illustrations, foreword.
All rights reserved.

致謝

我誠摯地感謝米卡爾・馬索尼耶(Mickaël Marsollier)、卡米・莫安 - 洛古(Camille Moënne-Loccoz)和
戴芬・波桑(Delphine Baussan)。感謝亞朗・杜卡斯(Alain Ducasse)，
以及亞朗杜卡斯出版社的團隊。
出版社對艾曼先生、戴芬・波桑、米卡爾・馬索尼耶和卡米・莫安 - 洛古，
以及這本書的所有創意團隊不勝感激。
感謝費德希克・葛西・艾曼(Fédéricke. Grasser Hermé)。

國家圖書館出版品預行編目資料

大師之最皮耶艾曼 BEST of PIERRE HERMÉ

皮耶艾曼 PIERRE HERMÉ　著；--初版.--臺北市

大境文化，2012[民101] 112面；19×26公分.

（Master；M 04）

ISBN 978-957-0410-94-5（精裝）

1.點心食譜　　427.16　　　101017135